井格谜题

玩出来的逻辑思维

知识产权出版社
全国百佳图书出版单位

图书在版编目（CIP）数据

玩出来的逻辑思维．井格谜题 / 康思谜题编著．—北京：知识产权出版社，2019.5

ISBN 978-7-5130-6100-1

Ⅰ．①玩… Ⅱ．①康… Ⅲ．①逻辑思维-思维训练-青少年读物 Ⅳ．① B80-49

中国版本图书馆 CIP 数据核字（2019）第 029651 号

内容提要

本书是一款经典的益智谜题游戏。它的设计基于我们小时候玩的井字游戏。本书不仅通过通俗易懂的语言详解题目规则和解题方法，还精选了有针对性的练习题，便于爱好者上手，一学就会。除本书习题外，还通过"康思谜题"网站及专属 APP 为读者提供相应的习题，共约 1000 道。同时我们还提供了网站、论坛、微信和微博等多种方式让读者与作者有更好的交流。在本书的最后一章收集了有利于培养专注力和逻辑思维能力的数字益智谜题——岛谜题。全书题目均配有答案。本书适合 8~99 岁各个年龄段的爱好者，提高逻辑思维能力，培养数学兴趣，亲子共读，成就最强大脑。

责任编辑：李小娟　　　　　　　责任印制：刘译文

玩出来的逻辑思维　井格谜题
WANCHULAI DE LUOJI SIWEI JINGGE MITI
康思谜题　编著

出版发行：	知识产权出版社有限责任公司	网　址：	http://www.ipph.cn
电　话：	010-82004826		http://www.laichushu.com
社　址：	北京市海淀区气象路 50 号院	邮　编：	100081
责编电话：	010-82000860 转 8531	责编邮箱：	lixiaojuan@cnipr.com
发行电话：	010-82000860 转 8101	发行传真：	010-82000893
印　刷：	三河市国英印务有限公司	经　销：	各大网上书店、
开　本：	880mm×1230mm　1/32		新华书店及相关专业书店
版　次：	2019 年 5 月第 1 版	印　张：	3.75
字　数：	144 千字	印　次：	2019 年 5 月第 1 次印刷
ISBN 978-7-5130-6100-1		定　价：	29.00 元

出版权专有　侵权必究
如有印装质量问题，本社负责调换。

前 言

　　谜题是一种好玩的益智休闲游戏，风靡世界数十载，世界各地每年都有大大小小的各类谜题比赛。例如，世界谜题锦标赛已连续举办了 29 年。常玩谜题，可以健脑益智。尤其是可以提高孩子的逻辑思维能力和数字学习能力等。上海师范大学心理系教授从几个维度分析了谜题与智商的关系，认为它和智力相关，即谜题涉及到数个重要的认知功能：如感觉、知觉、注意、记忆、思维能力、创造力……而这些都是智力重要的组成部分。经过对数学学习与智力之间关系长期的研究，发现数学学不好，在智力上其实有不同的成因。有些孩子计算能力不行，尤其是中央执行控制能力和语音能力，前者控制注意力，抵制外界干扰，后者指的是语音记忆能力密切相关。例如，将一串听到的数字倒过来复述，这些孩子就有困难。有些孩子几何学得不好，原因则是视觉空间能力上的缺陷，主要是方位记忆能力差。

　　谜题在这两种能力上都有涉及，而这两种能力与学业智力有高度相关性。此外，谜题还和智力中的工作记忆系统有关。谜题与智力中的逻辑思维能力关系则更加紧密。而智力的核心就是思维能力，其中包括发散思维、逻辑思维等，而推理能力是逻辑思维的体现。所以，玩谜题，可以潜移默化地训练一个人上述的几种智力因素，提高思维能力和数学学习能力。

"玩出来的逻辑思维"系列图书是由世界领先的谜题设计及发布公司——康思谜题从全世界100多个国家的数百万谜题爱好者的大数据中甄选出的最欢迎的6种谜题集结成书，分别是《岛谜题》《战舰谜题》《数独谜题（上）》《数独谜题（下）》《井格谜题》《数和谜题》和《填方块谜题》。每本书中不仅设置了不同难度的题目和答案，还针对书中的题目编写了有针对性的解题方法，爱好者更容易上手，一学就会。

康思谜题（Conceptis Ltd.）是世界上领先的逻辑谜题出版商和逻辑游戏提供商。康思谜题每年为全世界100多个国家数以百万的谜题爱好者创造出超过25000道新的逻辑谜题。每天有超过2000万道的康思谜题在全世界的报纸、杂志、图书、在线网络及智能手机、平板电脑上被爱好者解出。截至 2018 年年底，康思谜题已出品超过 18 款逻辑谜题，内容包含图形逻辑谜题和数字逻辑谜题，是广大谜题爱好者最喜欢也是出品电子谜题种类最多、最专业的谜题公司。康思谜题致力成长为谜题内容最优质的提供者，将逻辑谜题的快乐带给每一位喜欢脑力挑战的爱好者，将游戏的快乐融入到教育之中。

"玩出来的逻辑思维"系列图书是一套关于玩的书，在玩中培养数学兴趣，激发无限潜能，释放天性，更是一套适合亲子共读的书籍。

玩出来的逻辑思维
目录 /CONTENTS

第一章 井格规则及解题方法介绍 /001

第二章 井格练习题及答案 /007

　　　6×6 练习题及答案 /008

　　　8×8 练习题及答案 /048

　　　10×10 练习题及答案 /088

第三章 岛练习题及答案 /099

第一章

井格规则
及解题方法介绍

一、规则

井格谜题由网格组成，在空白的网格中填入 X 和 O。游戏的目的是将空格填满 X 或 O，使得每行和每列不能多于两个连续的 X 或 O，每行和每列的 X 数量与 O 数量相同，并且所有填满 X 与 O 的行和列都不相同，详见图 1-1 和图 1-2 所示。

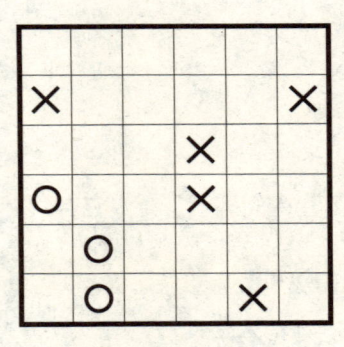

图 1-1 井格题目

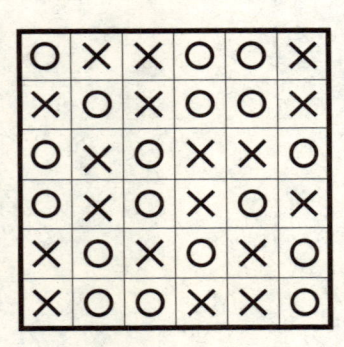

图 1-2 井格答案

二、解题方法

1. 基本技巧

解井格谜题即按照规则一步步解题，第一步寻找每行和每列不能多于两个连续的 X 或 O；第二步寻找每行和每列的 X 与 O 的数量相同，第三步检查题目是否有两个相同的行或列，满足规则中的三项即题目被成功解出。

（1）避免三连续（一）。大多数的井格谜题，在开始时都存在两个连续的 X 或 O，如 XX 或 OO，如图 1-3 所示。根据规则，每行和每列不能多于两个连续的 X 或 O，因此，将 XX 或 OO 的周围用与其相反的符号阻断起来，如图 1-4 所示。

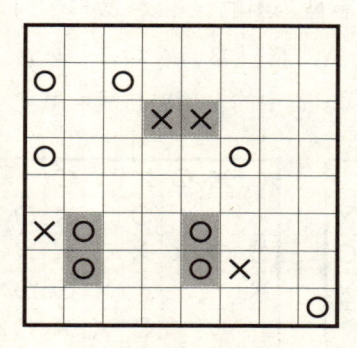

图 1-3 井格例题一 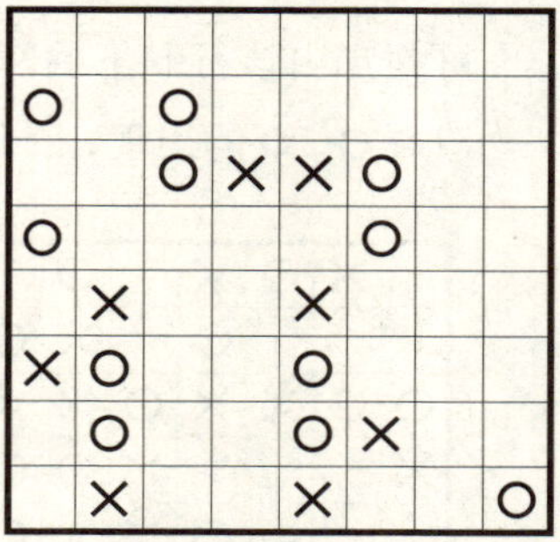　　　　图 1-4 井格例题一答案

（2）避免三连续（二）。如图 1-5 所示，两个相同符号中间有一个空格，如 XX 和 OO。为了避免三个相同的符号连续出现，将 XX 和 OO 中间的空格填上与其相反的符号，如 XOX 和 OXO，如图 1-6 所示。

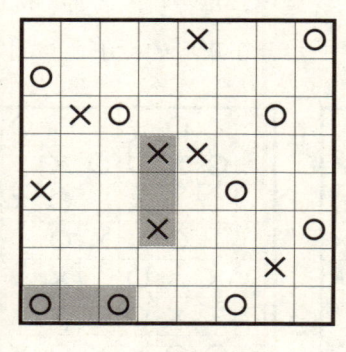

图 1-5 井格例题二 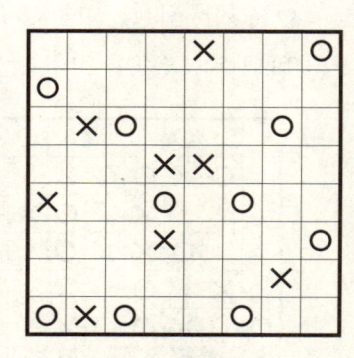　　　　图 1-6 井格例题二答案

（3）避免三连续（三）。如图 1-7 所示，避免在随后

的几步中出现三个连续相同的符号，X 或 O 不能被填到某些方格内。如图 1-8 所示，如果将 X 填到"？"格左侧的方格中，根据规则每一行或列中的 X 和 O 数量相同，即可判定出该行剩下的两个空方格只能填入 O，但是，这会造成 OOO 的出现，因此第 6 行中的左侧空格只能填上 O。

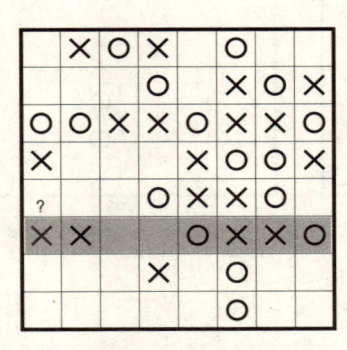

图 1-7 井格例题三　　　　　图 1-8 井格例题三答案

（4）完成行列。根据谜题的规则，每行和每列的 X 与 O 的数量相同，如 8×8 的谜题中，每一行或者每一列的 X 和 O 都是 4 个。如图 1-9 所示，在灰底的行中，找到 4 个

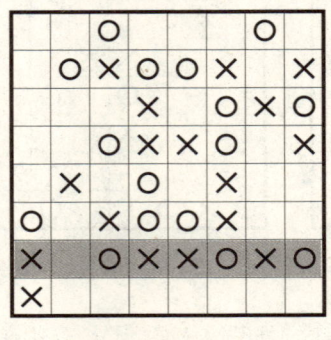

图 1-9 井格例题四　　　　　图 1-10 井格例题四答案

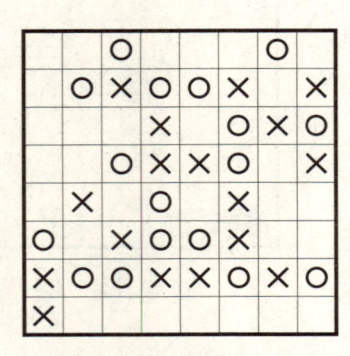

X 和 3 个 O，那么剩下的空方格只能填入 O（见图 1-10）。

（5）**避免重复的行列**。井格的规则中每行、每列都相对独立，没有两个顺序一致的重复的行、列出现。如图 1-11 所示，在灰底的两列中，一列空格已经填满，而另一列还存在两个带"？"的空格。由于所剩的两个空格只能填入一个 X 和 O，为了避免出现重复的列，这里只有一种填入方式，如图 1-12 所示。

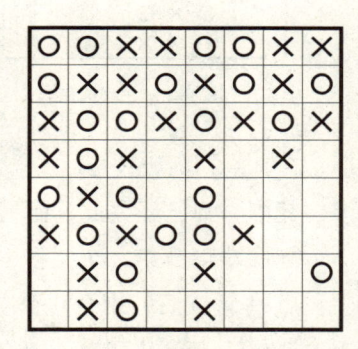

图 1-11 井格例题五　　图 1-12 井格例题五答案

2. 高级技巧

高级技巧是基于假设法和冲突法，也就是说，某一个空格可以假设被填入 X 或 O，然后，通过逻辑推理在接下来的几步中判定这个填法是否正确。下面是一些应用高级技巧解题的案例。

（1）**高级技巧（一）**。如图 1-13 所示，在灰底的列中，如果该列顶端的第二个空格填入 O，此列只能再填入一个 O，将最后一个 O 填入任意一个剩余的空格中，都会造成连续的 XXX 出现，因此，顶端的第二个方格只能填入 X，如图 1-14 所示。

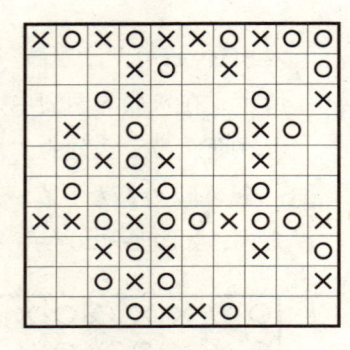

图 1-13 井格例题六　　　图 1-14 井格例题六答案

（2）高级技巧（二）。如图 1-15 所示，在灰底的两列中，其中一列已经完成，而另一列仍有 3 个空格。如果将 O 填到底端倒数第二个空格中，由于此列已有 4 个 O，填入最后一个 O 后，剩余两个空方格填入 X，这会造成灰底的两列相同，所以，底端倒数第二个空格只能填入 X，如图 1-16 所示。

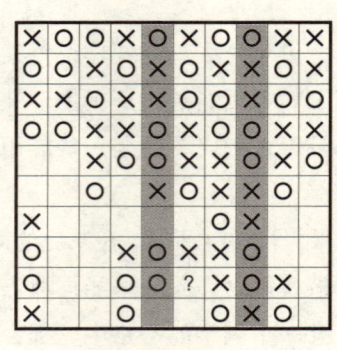

图 1-15 井格例题七　　　图 1-16 井格例题七答案

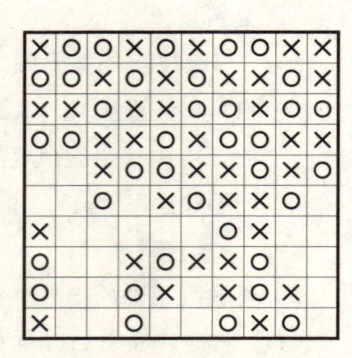

第二章

井格练习题及答案

16×6 练习题及答案一

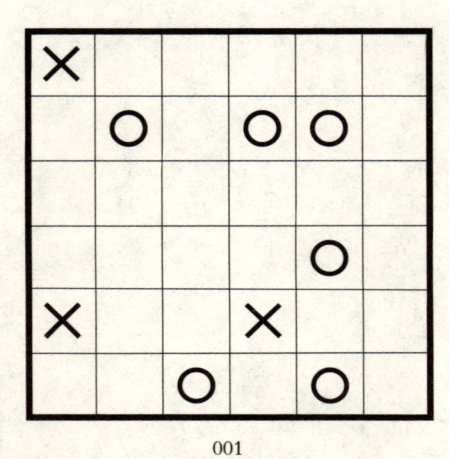

001

卡点小提示：

第 2 行，c2 格和 f2 格填入 X。

019 答案

玩出来的逻辑思维 井格谜题 008

第二章 井格练习题及答案　009

002

020 答案

卡点小提示：

第 e 列，e2 格和 e5 格填入 O。

003

001 答案

卡点小提示：

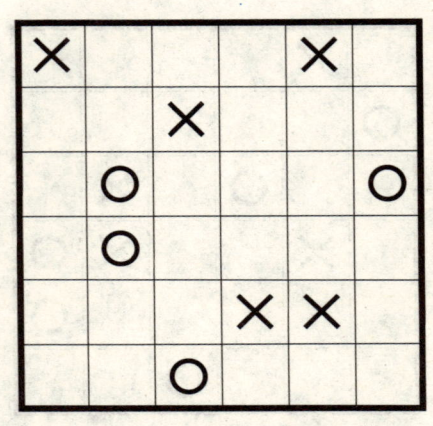

第 b 列，b2 格和 b5 格填入 X。

第二章　井格练习题及答案　011

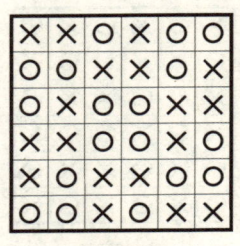

004

002 答案

卡点小提示：
第 b 列，b5 格填入 O。

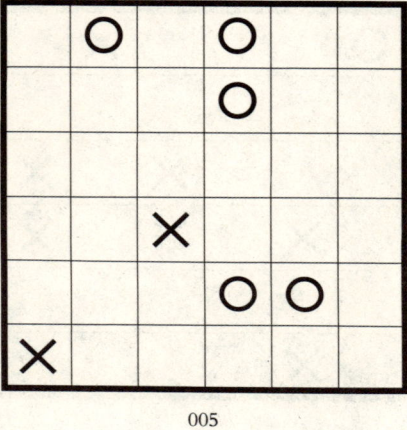

005

卡点小提示：
第1行，c1格填入X。

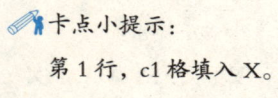

003 答案

006

004 答案

第二章┃井格练习题及答案　013

007

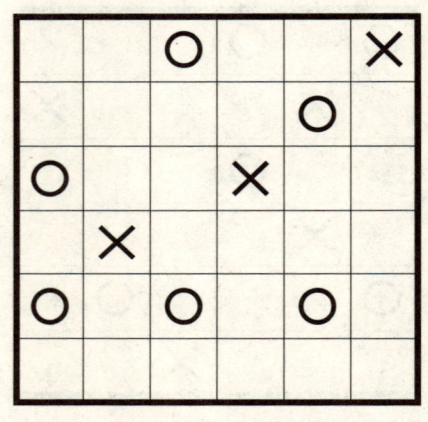

005 答案

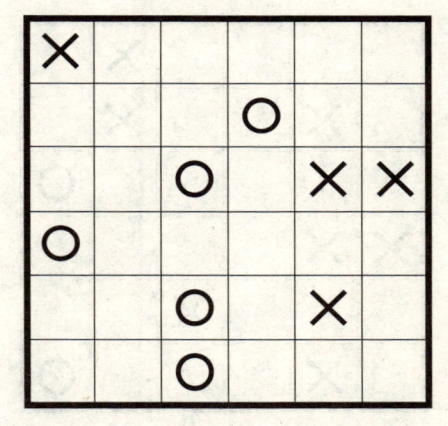

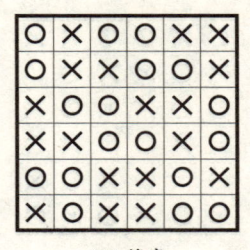

第二章 井格练习题及答案

008

006 答案

009

007 答案

010

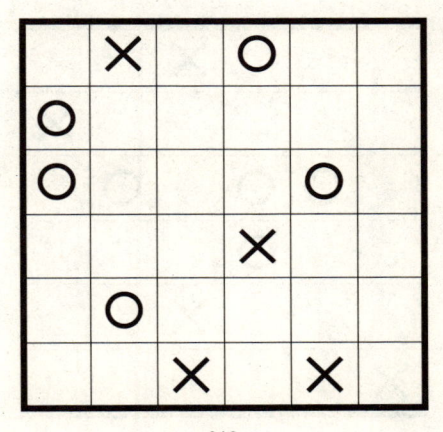

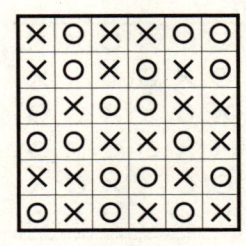

008 答案

第二章 井格练习题及答案 017

011

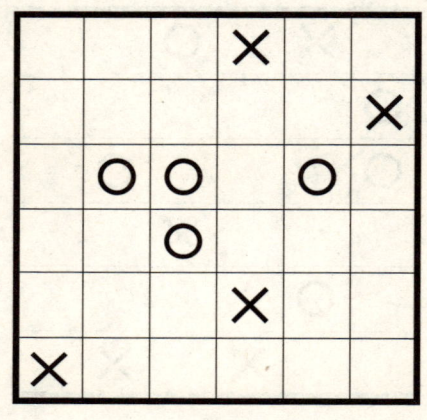

009 答案

玩出来的逻辑思维　井格谜题　018

012

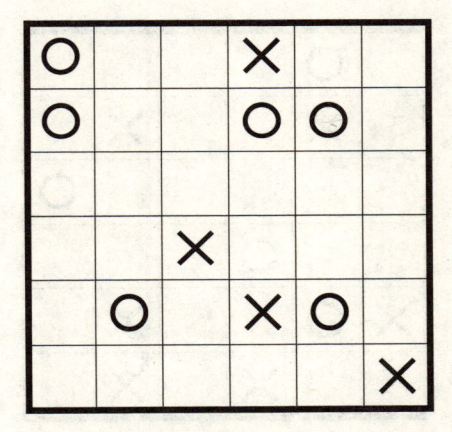

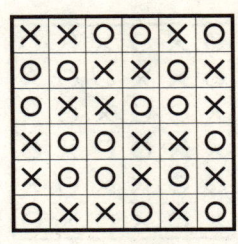

010 答案

第二章 井格练习题及答案 019

013

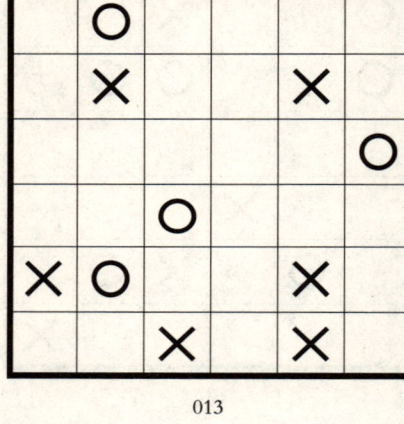

011 答案

玩出来的逻辑思维　井格谜题

014

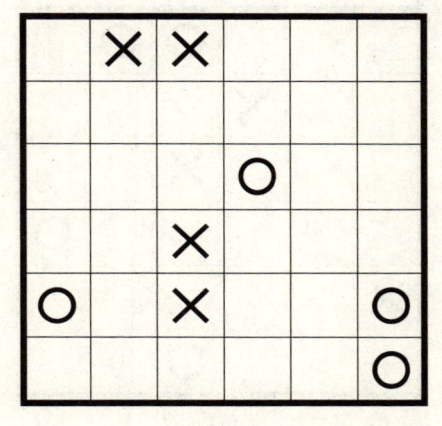

012 答案

第二章 井格练习题及答案　021

015

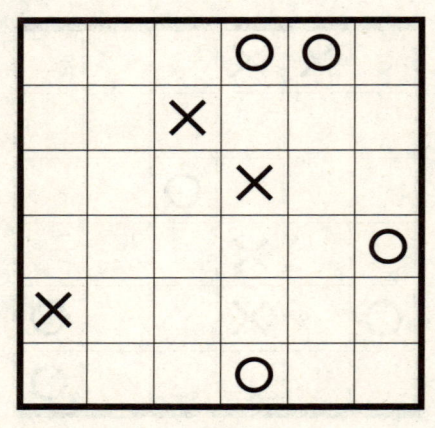

×	○	○	×	○	×
○	×	○	○	×	×
×	○	×	○	○	○
○	×	○	×	○	×
×	○	×	○	×	○
○	×	×	○	×	○

013 答案

016

014 答案

第二章 井格练习题及答案 023

017

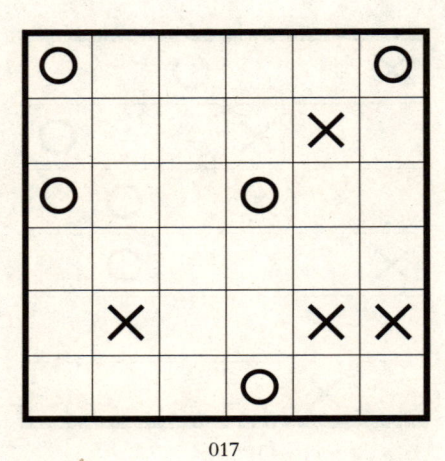

015 答案

玩出来的逻辑思维 **井格谜题**

018

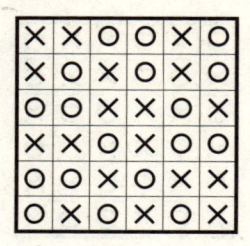

016 答案

第二章 井格练习题及答案 025

019

017 答案

020

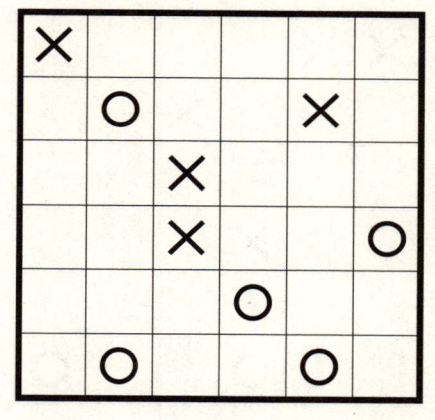

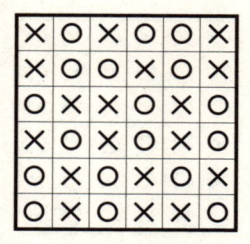

018 答案

第二章 井格练习题及答案 027

021

039 答案

022

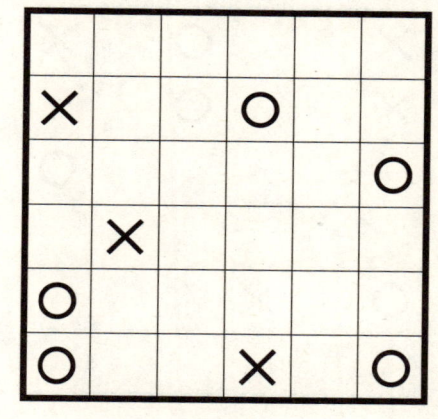

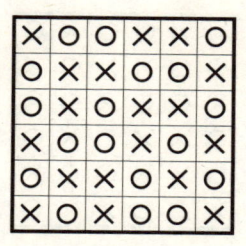

040 答案

023

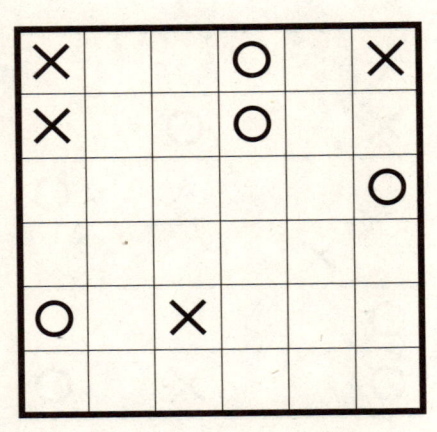

021 答案

024

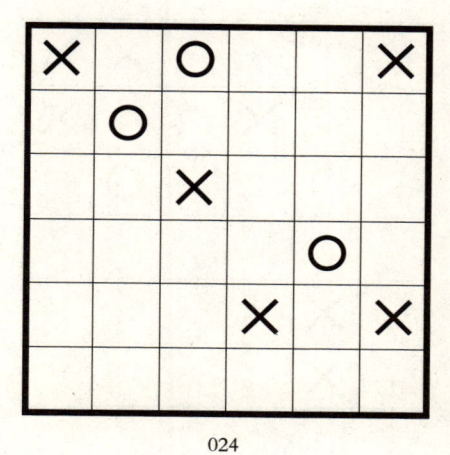

022 答案

第二章 井格练习题及答案 031

025

023 答案

026

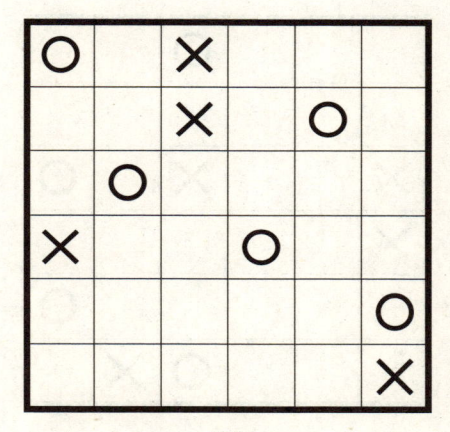

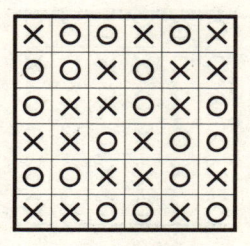

024 答案

027

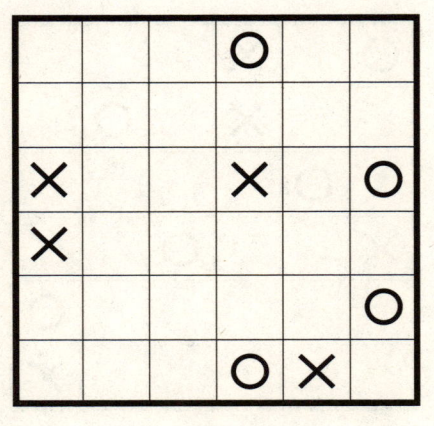

025 答案

028

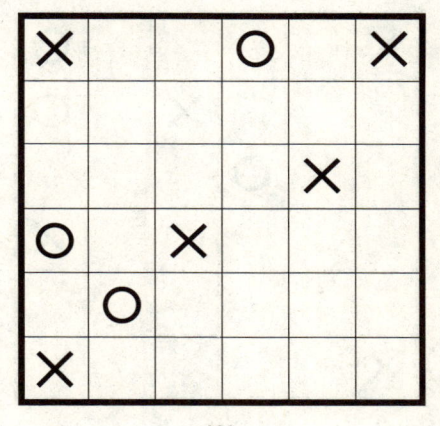

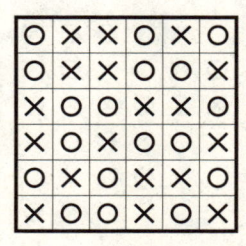

026 答案

第二章 井格练习题及答案

029

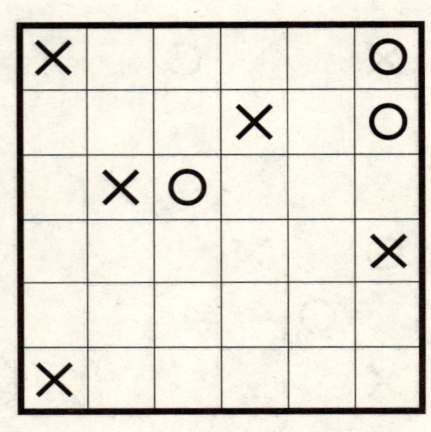

027 答案

O	X	X	O	O	X
O	X	O	X	O	X
X	O	O	X	X	O
X	O	X	O	O	X
O	X	O	X	X	O
X	O	X	O	X	O

030

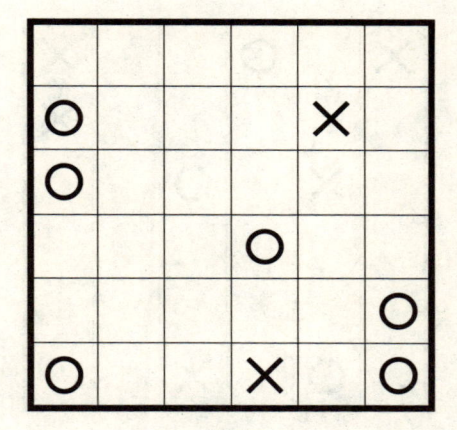

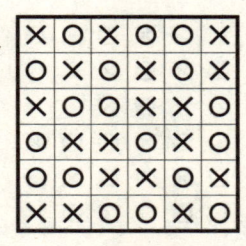

028 答案

X	O	X	O	O	X
O	X	O	X	O	X
X	O	X	O	X	O
O	X	O	X	O	X
O	O	X	O	X	O
X	X	O	X	O	X

第二章 井格练习题及答案

031

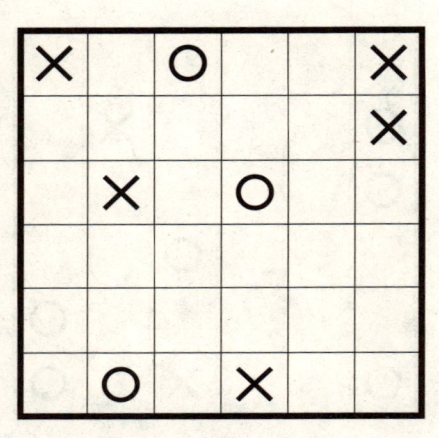

029 答案

032

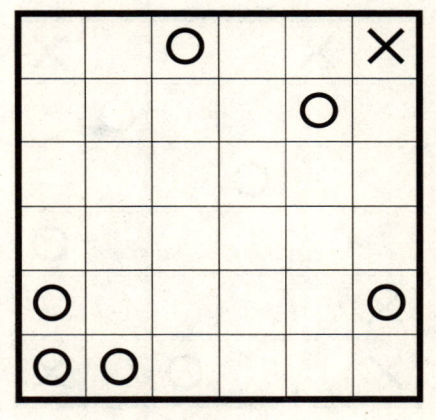

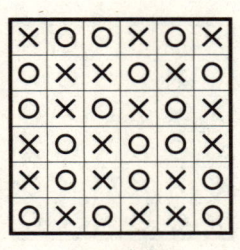

030 答案

第二章 井格练习题及答案 039

033

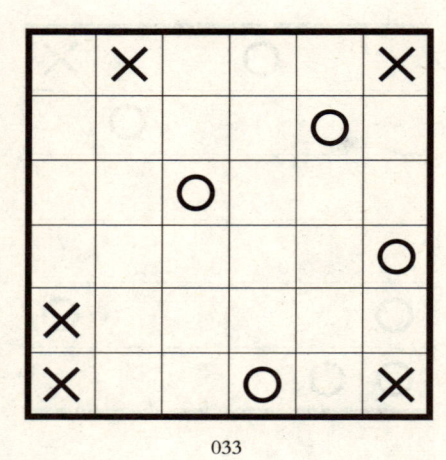

031 答案

玩出来的逻辑思维　井格谜题

040

034

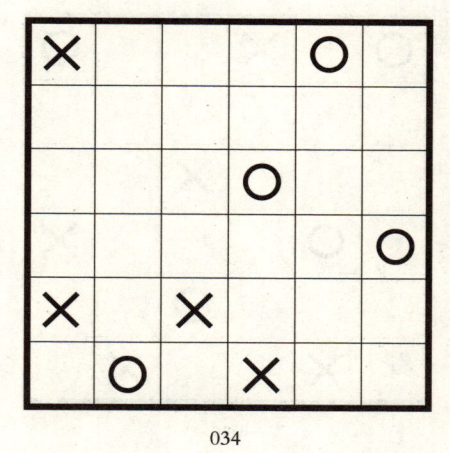

×	O	×	O	×
×	×	O	×	O
O	×	O	×	O
×	O	×	O	×
O	×	O	×	O
O	O	×	O	×

032 答案

第二章 ▎井格练习题及答案　041

035

033 答案

036

034 答案

037

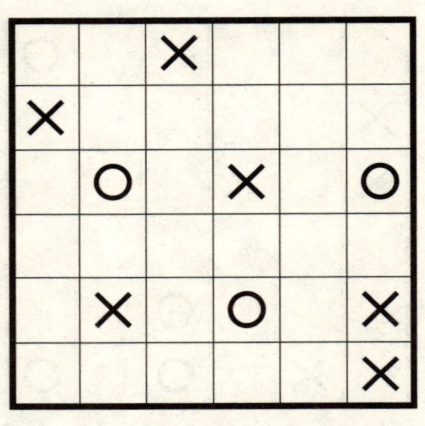

035 答案

玩出来的逻辑思维 井格谜题 044

038

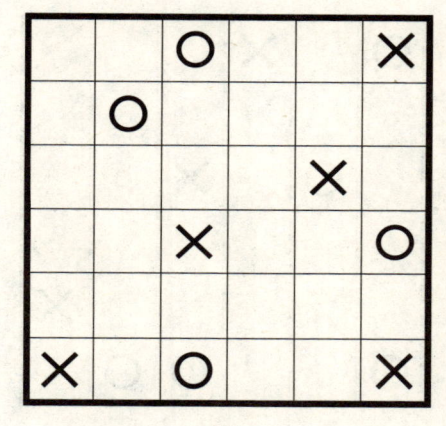

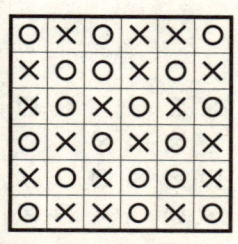

036 答案

039

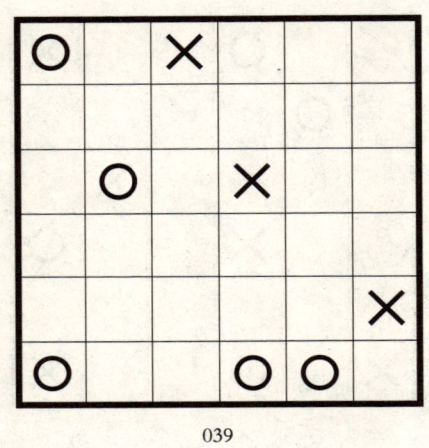

O		X			
	O		X		
					X
O				O	O

037 答案

O	X	X	O	X	O
X	O	O	X	O	X
O	X	X	O	X	O
O	X	O	X	X	O
X	O	X	O	O	X
X	O	O	X	O	X

040

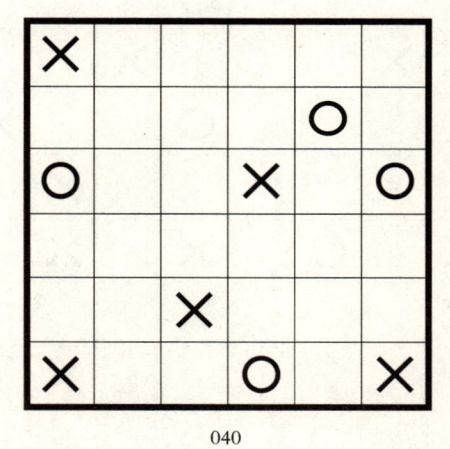

038 答案

8×8 练习题及答案一

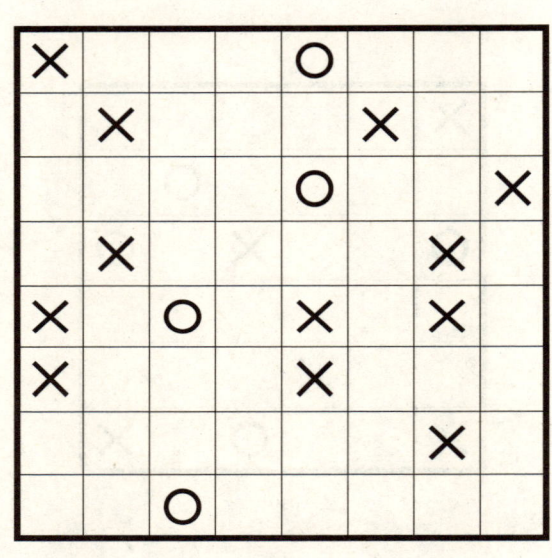

041

玩出来的逻辑思维 井格谜题

048

O	X	X	O	X	O	O	X
O	X	X	O	O	X	X	O
X	O	O	X	X	O	O	X
O	X	O	X	O	X	O	X
X	X	O	O	X	X	O	O
X	X	O	O	X	O	X	O
O	O	X	X	O	O	X	X
X	O	O	X	O	X	X	O

059 答案

042

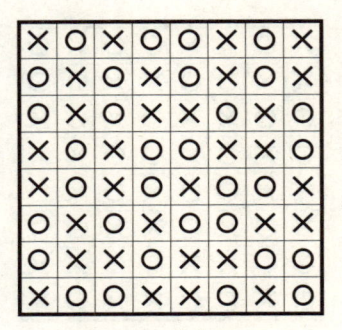

060 答案

043

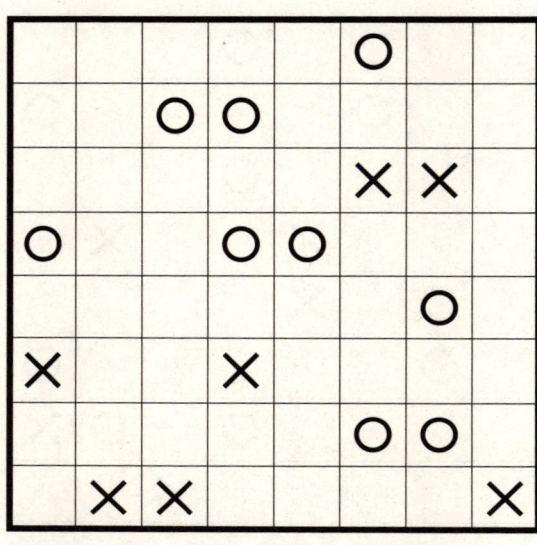

041 答案

044

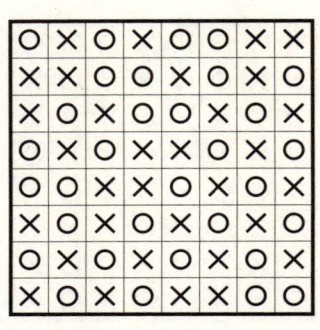

042 答案

045

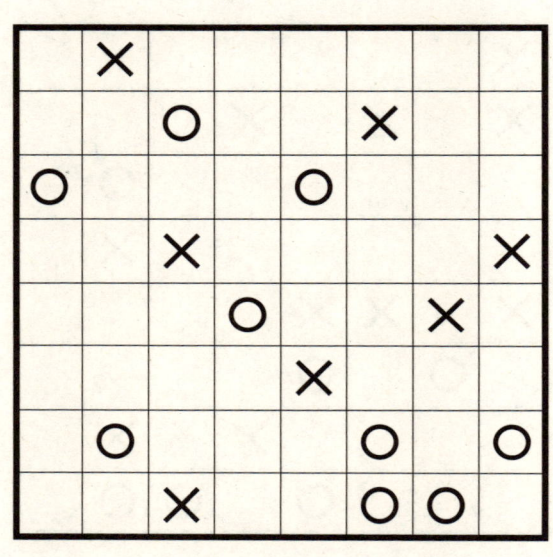

043 答案

046

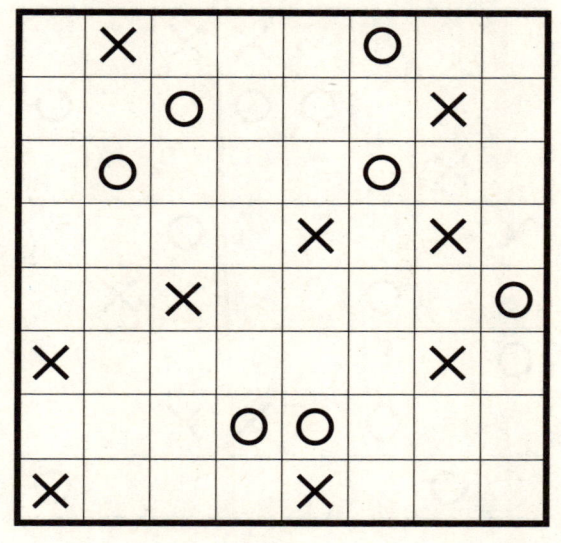

044 答案

047

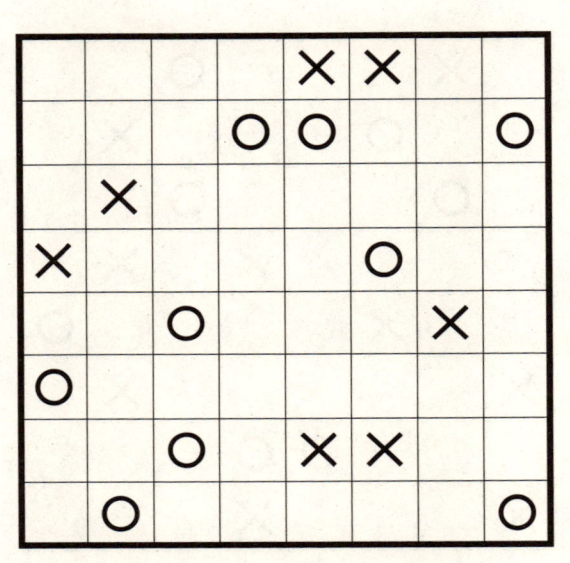

045 答案

048

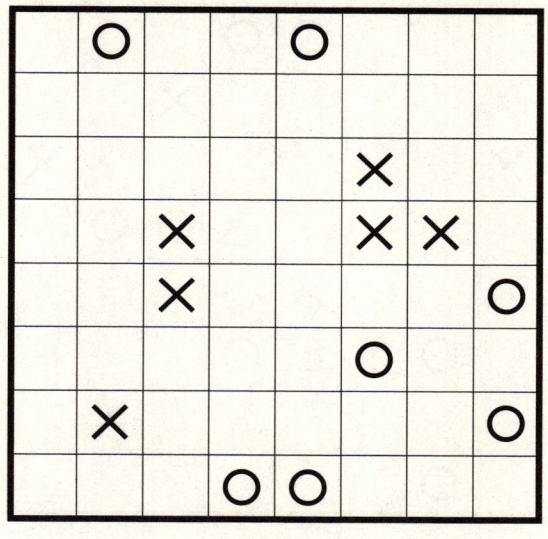

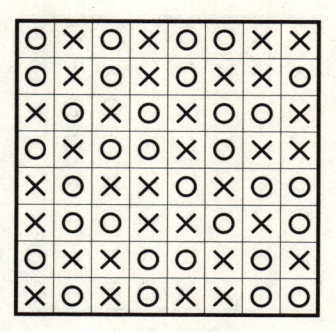

046 答案

049

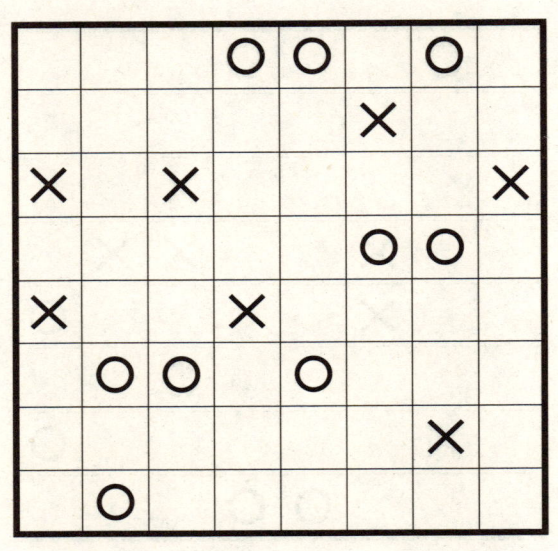

047 答案

050

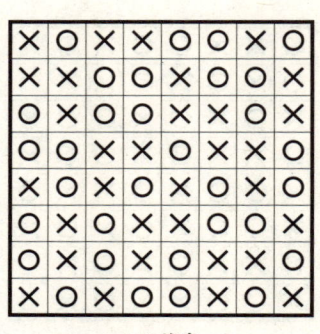

048 答案

051

O	X	X	O	O	X	O	X
O	X	O	X	O	X	X	O
X	O	X	O	X	O	O	X
O	X	X	O	X	O	O	X
X	O	O	X	O	X	X	O
X	O	X	O	X	O	X	O
O	X	O	X	O	O	X	X
X	O	O	X	X	O	X	O

049 答案

052

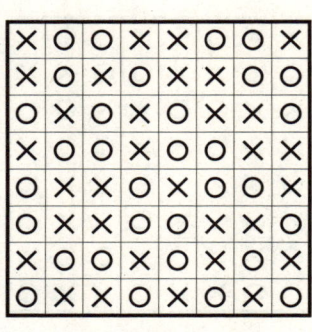

		×	○	○	×	×	○	×
	×	○	×	○	×	×	○	○
	○	×	○	×	○	×	○	○
	×	○	○	×	×	○	×	×
	○	×	×	○	×	○	×	○
	○	×	○	○	×	○	×	○
	×	○	×	○	×	○	×	×
	×	○	×	×	○	×	○	○
	○	×	×	○	×	○	×	○

050 答案

第二章 井格练习题及答案 059

053

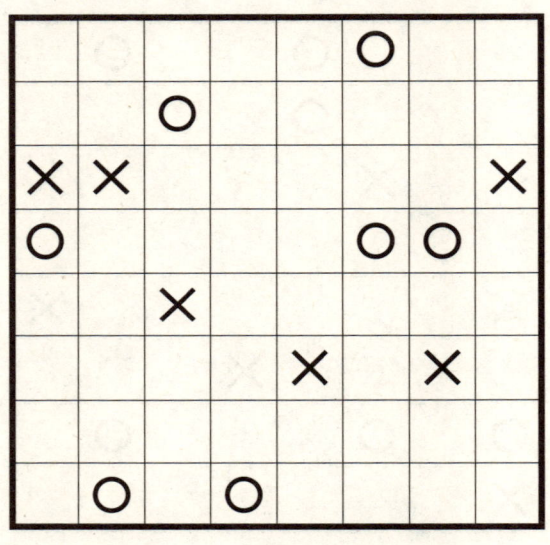

054

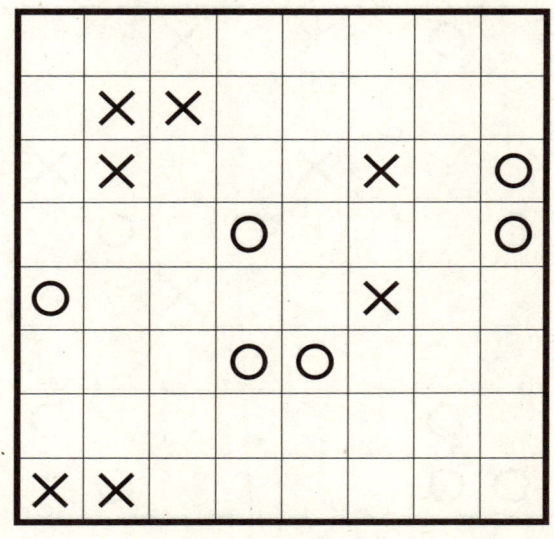

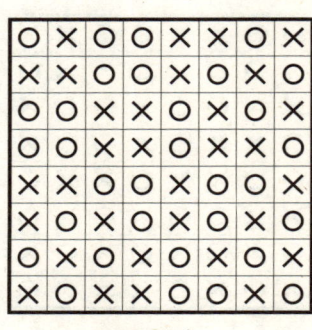

052 答案

第二章 井格练习题及答案 061

055

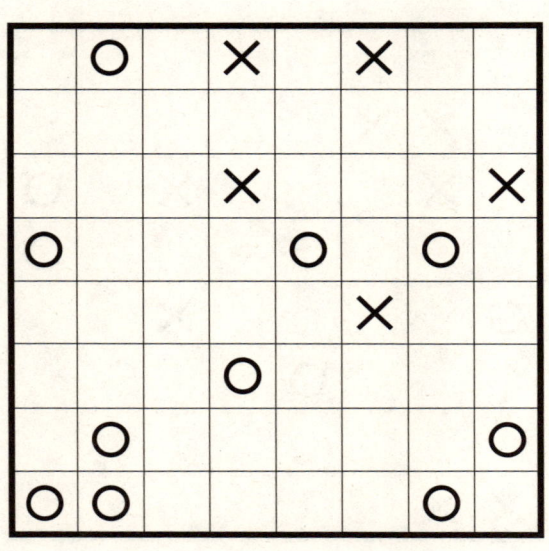

053 答案

玩出来的逻辑思维　井格谜题　062

056

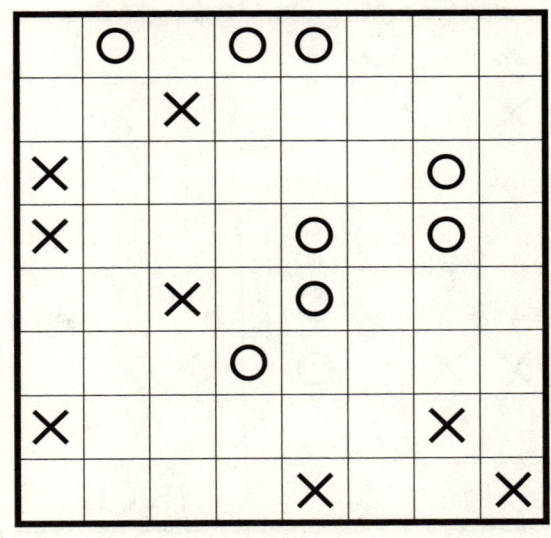

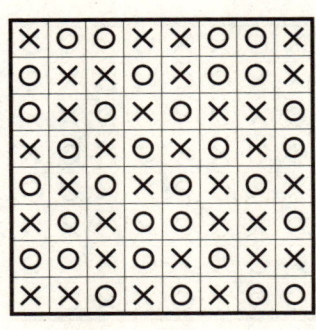

054 答案

057

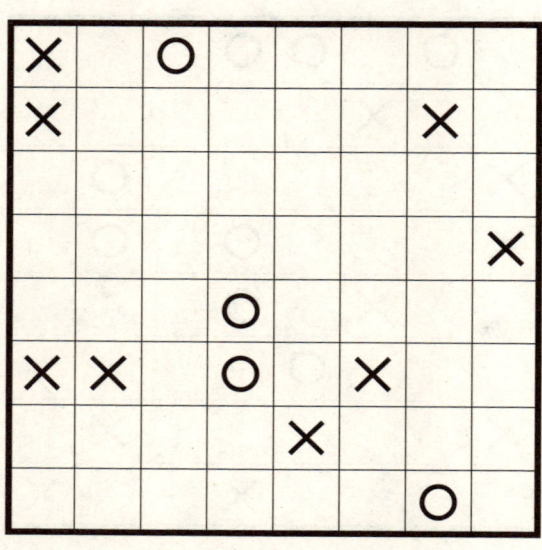

✕	○	✕	✕	○	✕	○	○
✕	✕	○	✕	○	✕	○	✕
○	✕	○	○	✕	○	○	✕
○	○	✕	○	✕	✕	○	✕
✕	✕	○	○	✕	○	✕	○
○	○	✕	○	○	✕	○	✕
✕	○	✕	✕	○	○	✕	○
○	○	✕	○	✕	✕	○	✕

055 答案

058

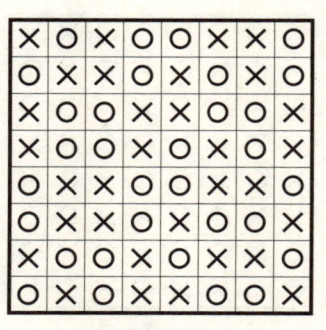

056 答案

059

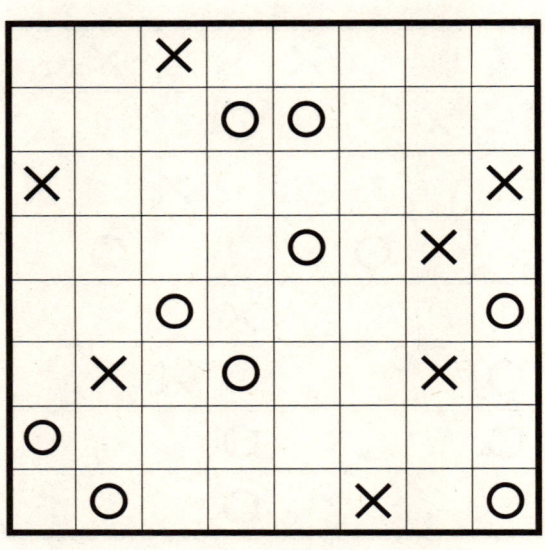

060

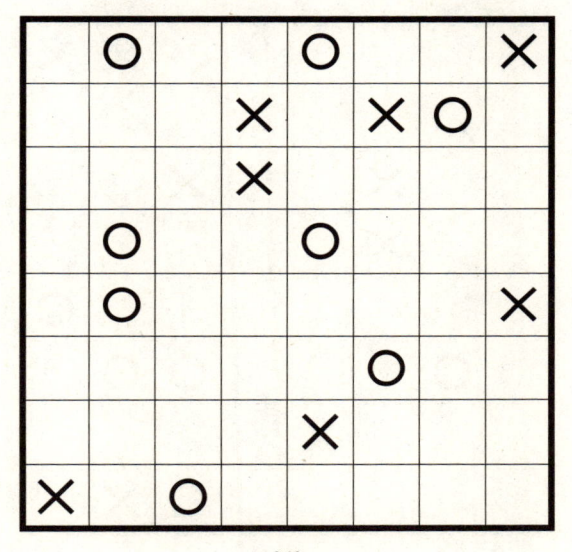

058 答案

061

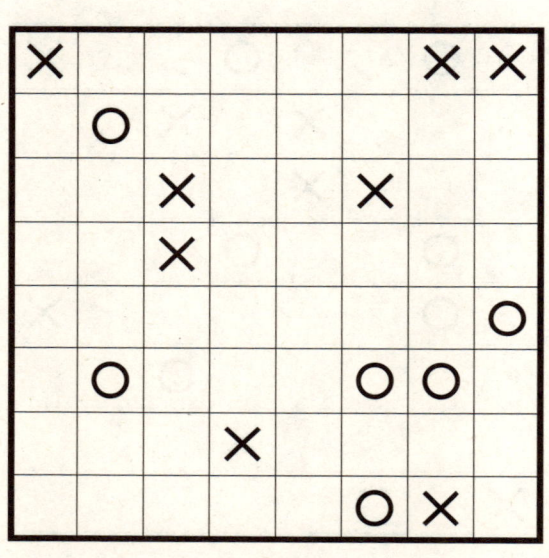

079 答案

062

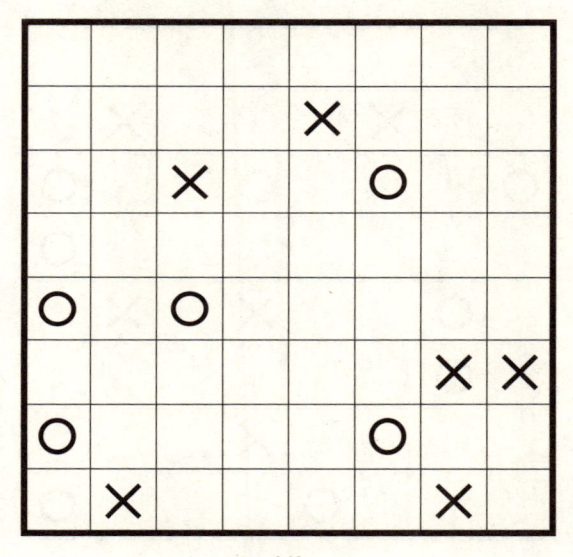

080 答案

063

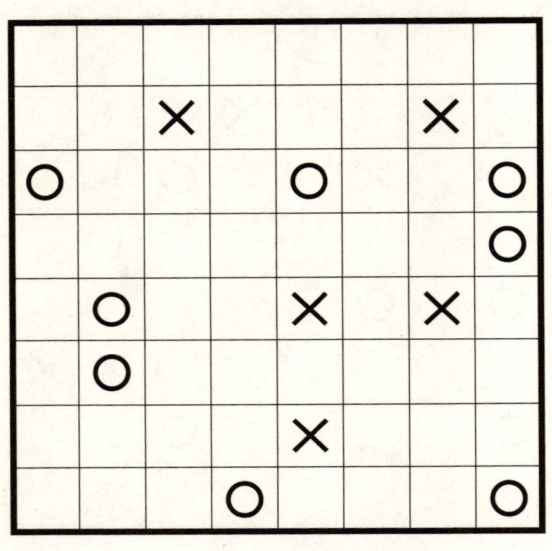

061 答案

第二章 井格练习题及答案

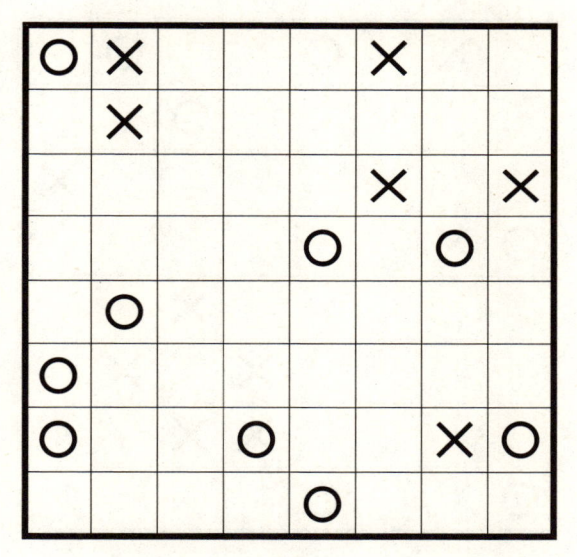

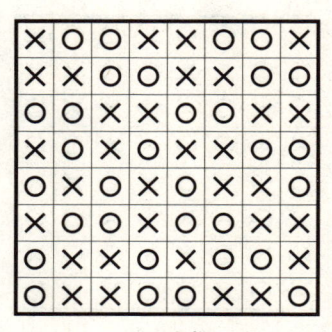

064

062 答案

065

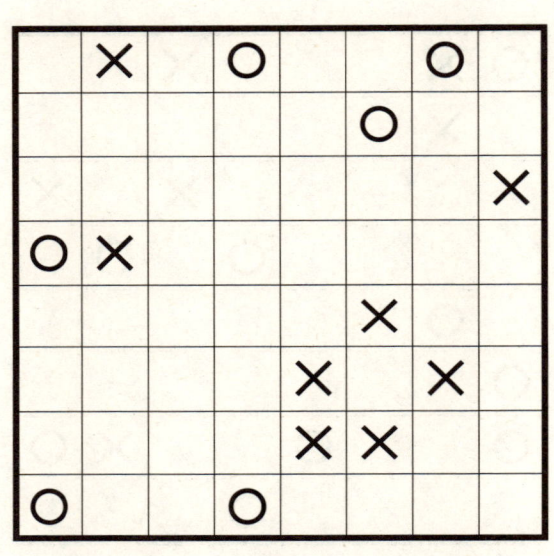

063 答案

066

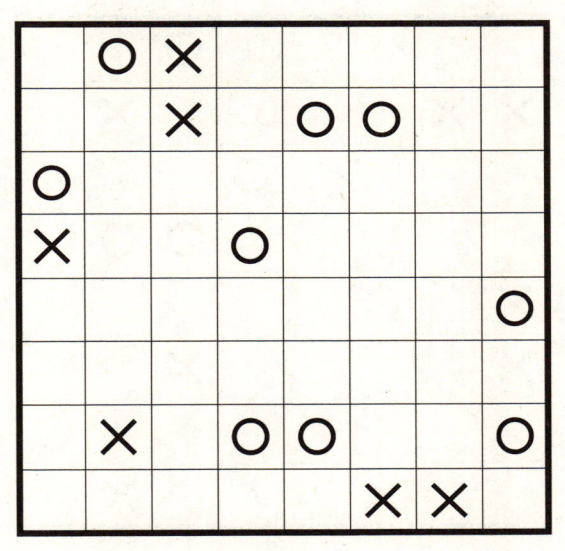

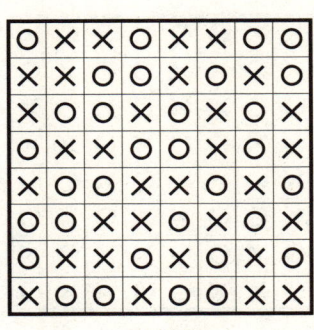

064 答案

067

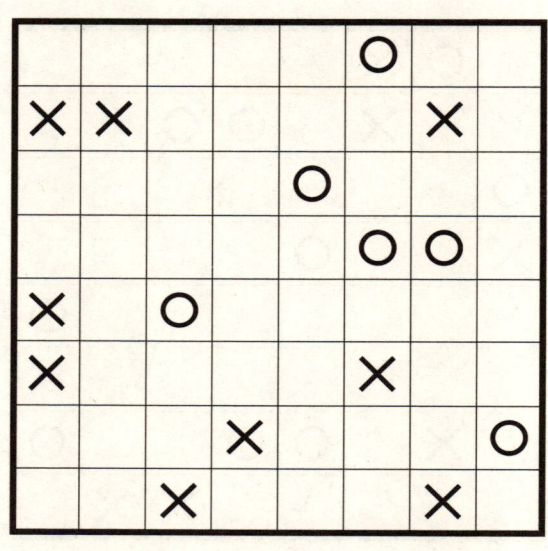

065 答案

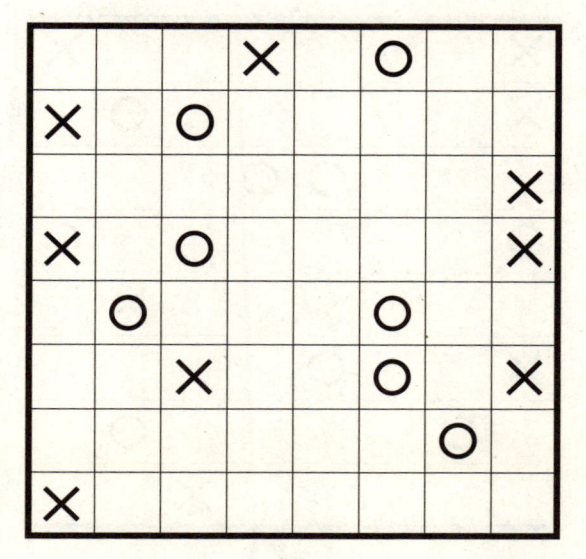

068

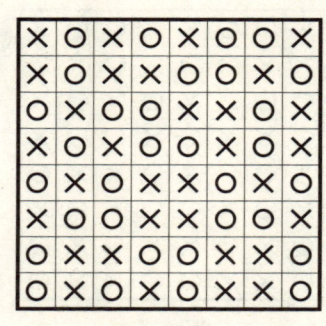

×	O	×	O	×	O	O	×
×	O	×	O	×	O	×	O
O	×	O	O	×	O	×	O
×	O	×	O	×	O	×	O
O	×	O	×	O	×	O	×
×	O	×	O	×	O	×	O
O	×	O	×	O	×	×	O
O	×	O	×	O	×	×	O

066 答案

第二章 井格练习题及答案 075

069

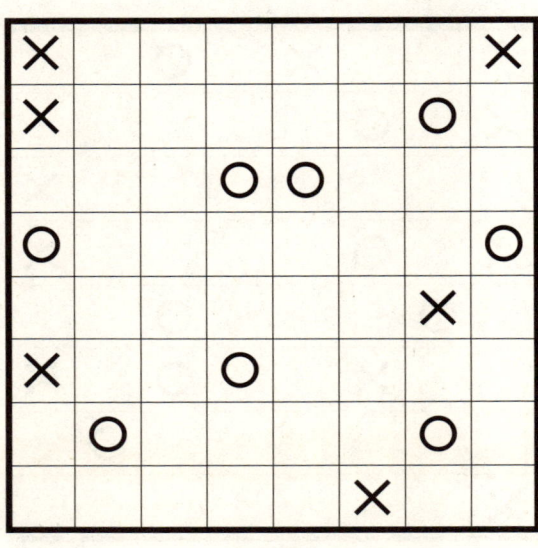

067 答案

070

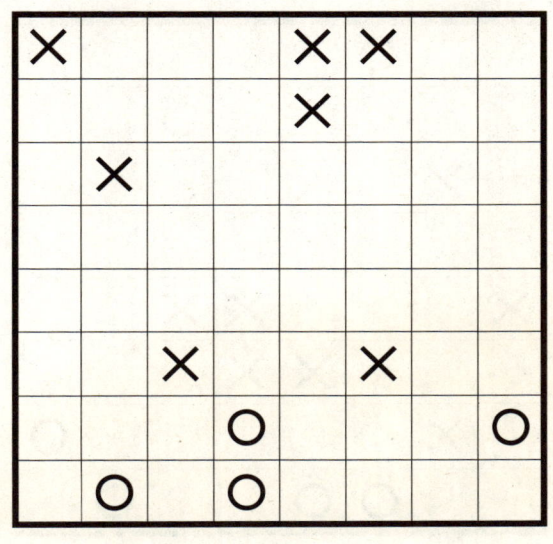

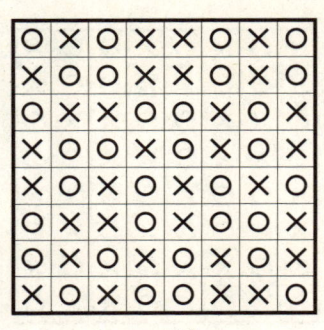

068 答案

071

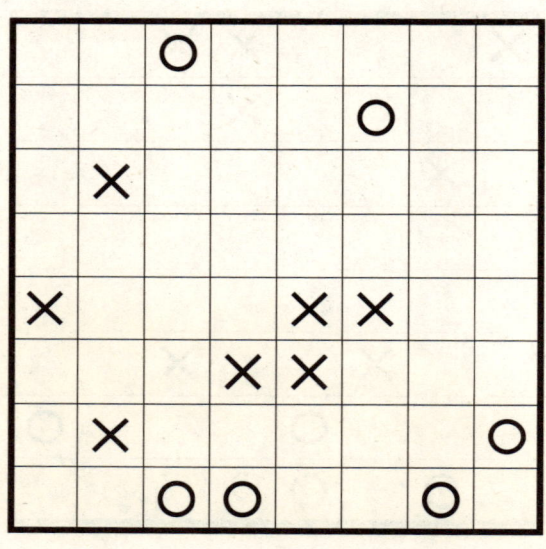

			X	O	X	O	O	X
X	O	X	O	X	O	O	X
O	X	X	O	X	O	X	O
O	O	X	X	O	X	X	O
X	O	O	X	O	X	X	O
X	O	X	O	X	O	X	X
O	O	X	X	O	X	O	X
O	X	O	X	O	X	O	X

069 答案

072

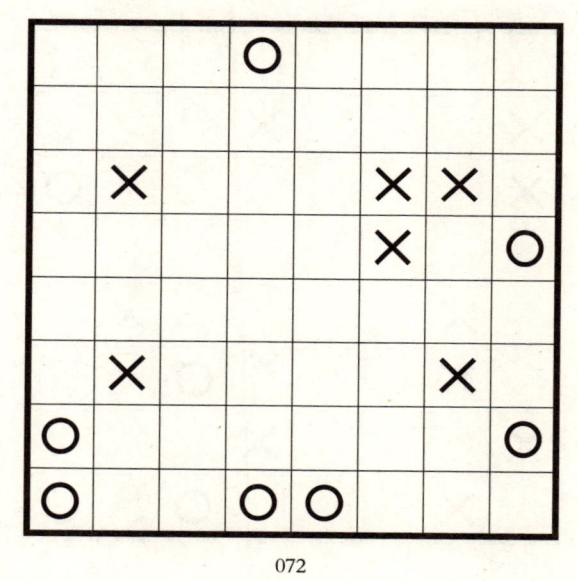

070 答案

073

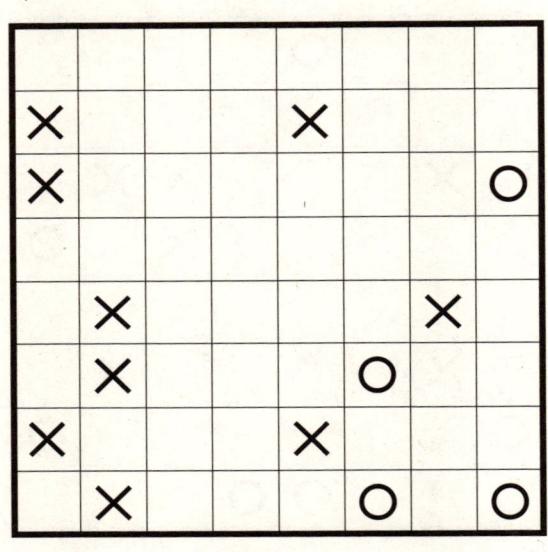

071 答案

074

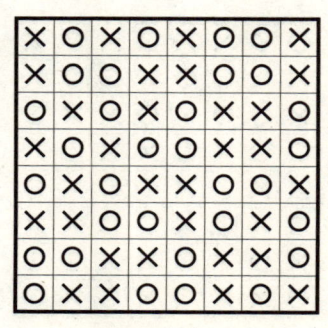

×	O	×	O	×	O	O	×
×	O	×	O	O	×	O	O
O	×	O	×	O	×	×	O
×	O	×	O	×	O	×	O
O	×	O	×	O	×	O	×
×	O	×	O	O	×	O	×
O	O	×	O	×	O	×	O
O	×	×	O	×	O	×	×

072 答案

075

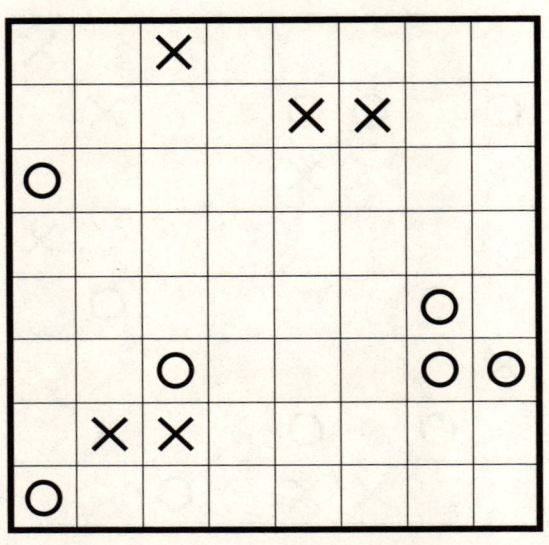

O	O	X	X	O	X	O	O	X
X	X	O	X	O	X	O	O	X
X	O	O	X	O	X	O	X	O
O	O	X	O	X	O	X	O	X
X	X	O	O	X	X	O	X	O
O	O	X	O	X	O	X	X	O
X	O	X	X	O	X	O	X	X
X	O	X	O	X	O	X	O	O
O	X	X	O	X	O	X	O	O

073 答案

076

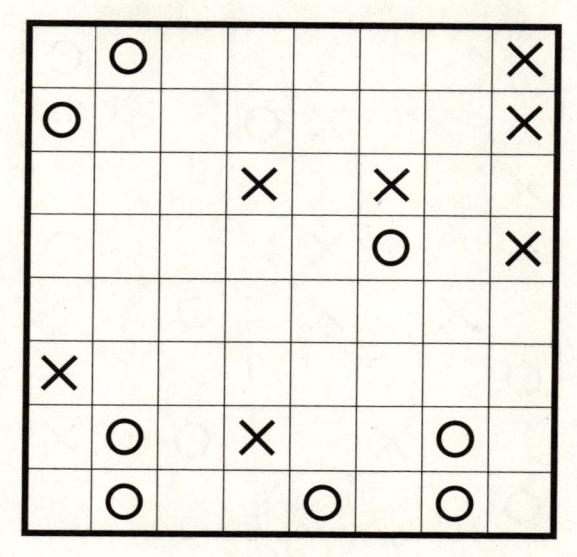

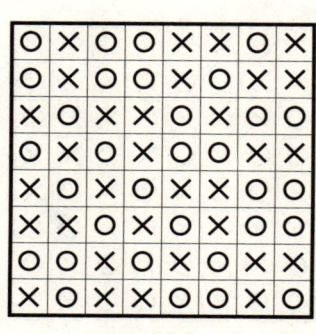

074 答案

第二章 井格练习题及答案 083

077

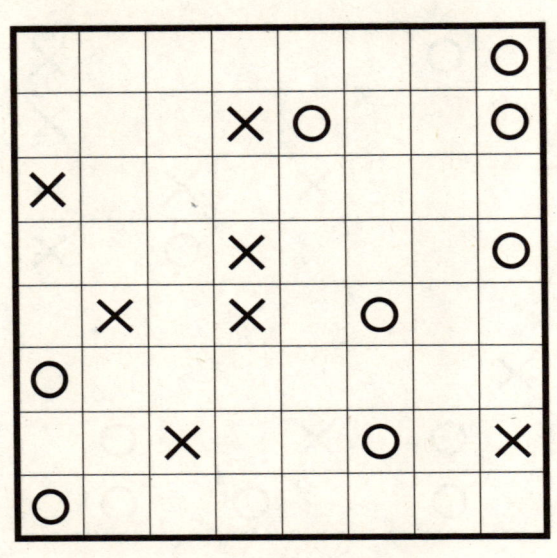

								○
				✗	○			○
✗								
				✗				○
		✗		✗		○		
○								
			✗			○		✗
○								

075 答案

✗	○	✗	○	✗	○	○	✗
✗	✗	○	✗	✗	✗	○	○
○	✗	○	✗	○	✗	✗	○
○	○	✗	○	✗	○	✗	✗
○	✗	○	✗	○	✗	○	✗
✗	○	✗	○	○	✗	○	○
○	✗	✗	○	✗	○	✗	○
○	○	✗	✗	○	○	✗	✗

078

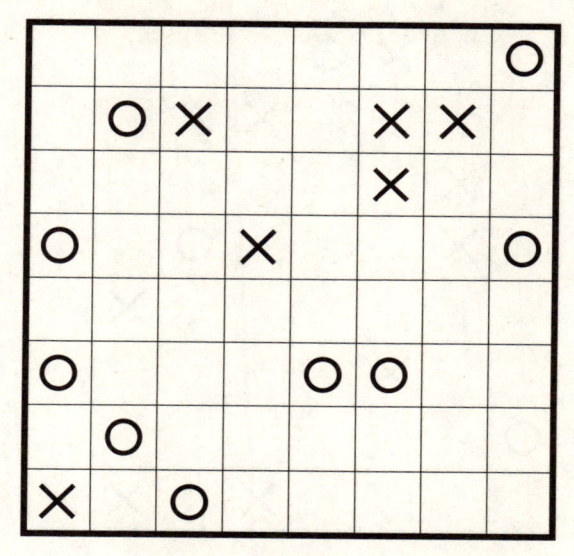

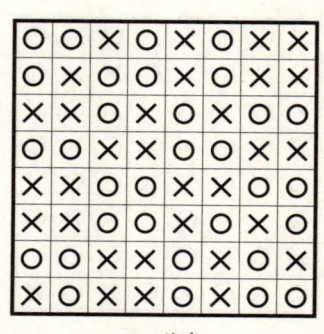

076 答案

079

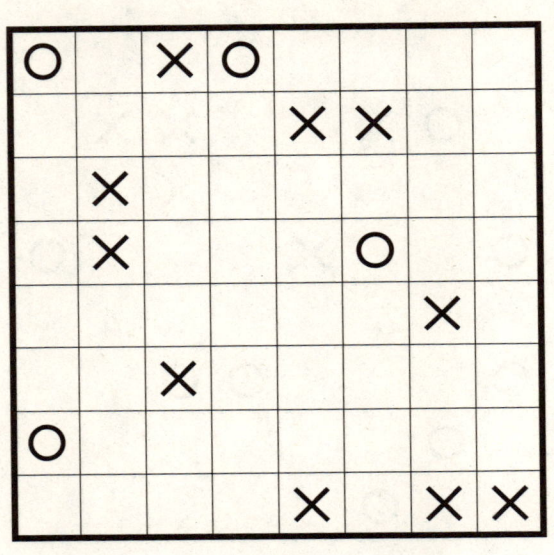

077 答案

080

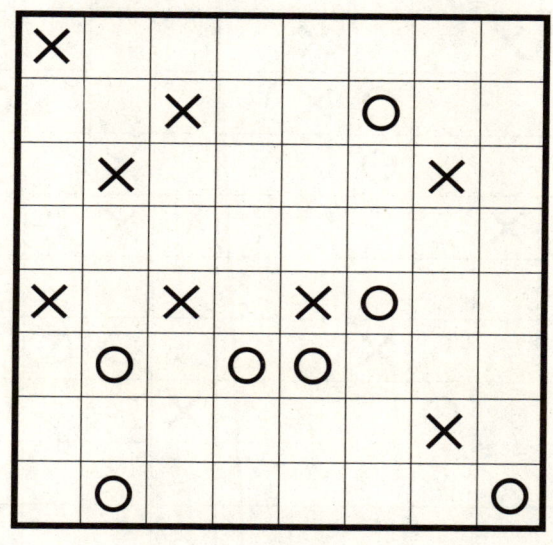

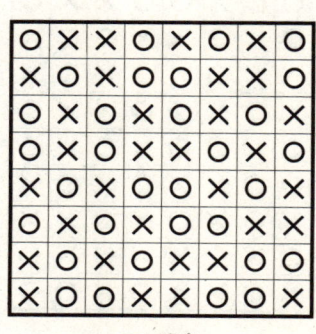

078 答案

10×10 练习题及答案

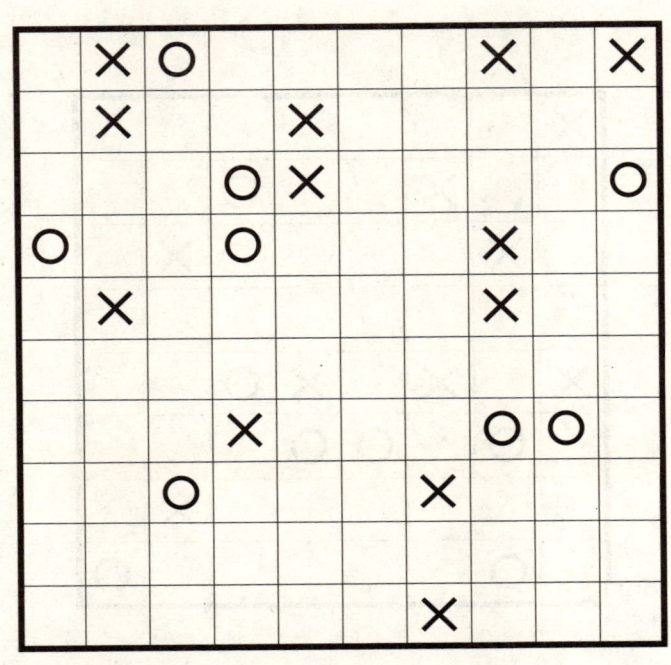

081

×	O	×	×	O	O	×	O	O	×
×	×	O	O	×	O	×	×	O	O
O	×	O	×	O	×	O	×	×	O
O	O	×	O	O	×	O	O	×	×
×	O	×	O	×	O	×	O	O	×
O	×	O	×	O	×	O	×	×	O
×	O	×	O	×	O	×	O	O	×
O	O	×	O	×	O	×	O	×	×
×	O	O	×	O	×	O	×	O	O
O	×	×	O	×	×	O	×	O	O

089 答案

玩出来的逻辑思维 井格谜题 088

082

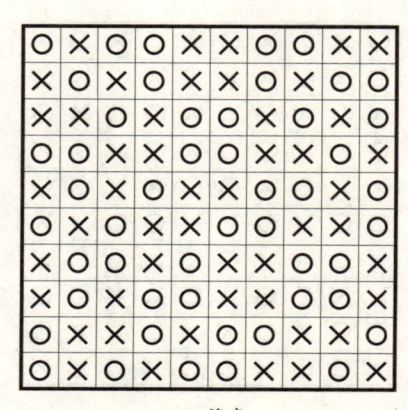

090 答案

083

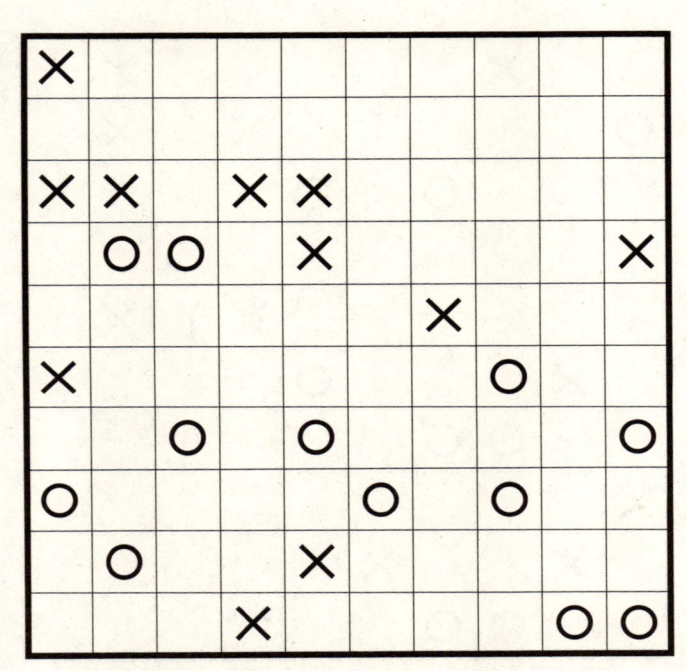

081 答案

084

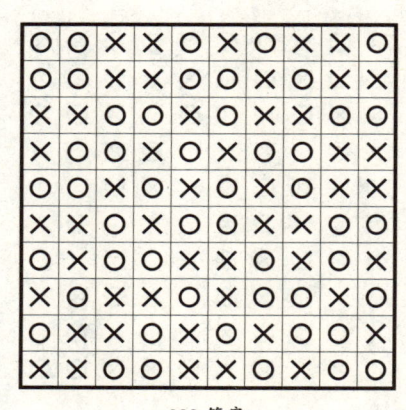

082 答案

085

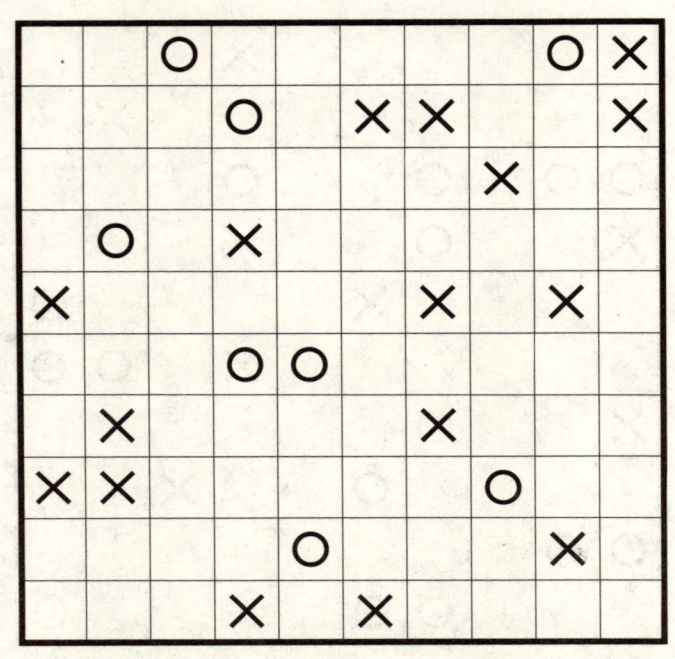

×	O	×	O	O	×	O	O	×
O	O	×	O	×	O	×	O	×
×	×	O	×	×	O	×	O	O
×	O	O	×	O	×	O	×	O
O	×	×	O	×	O	O	×	O
×	O	×	O	×	O	×	O	×
O	×	×	O	×	O	O	×	O
×	O	×	O	O	×	O	×	×
×	O	×	×	O	×	O	×	O
O	×	O	×	×	O	×	×	O

083 答案

086

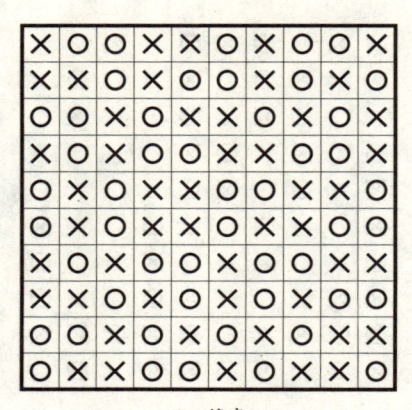

084 答案

087

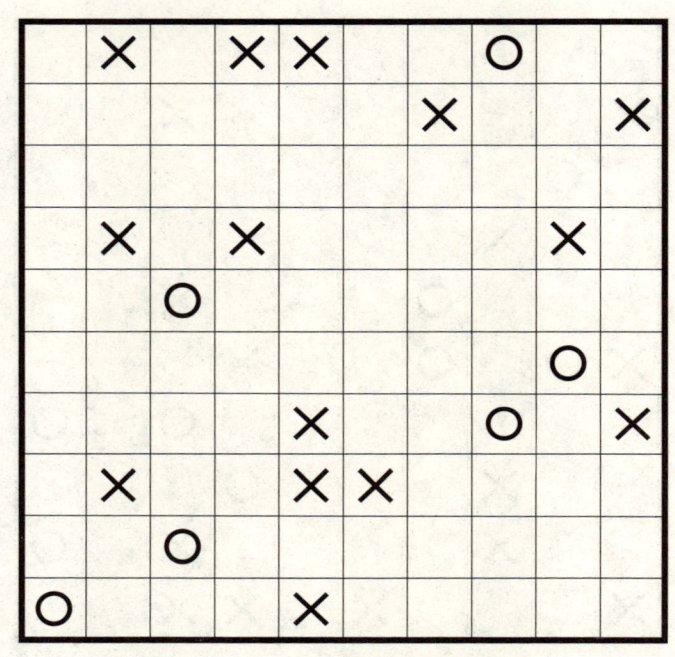

085 答案

第二章 井格练习题及答案 095

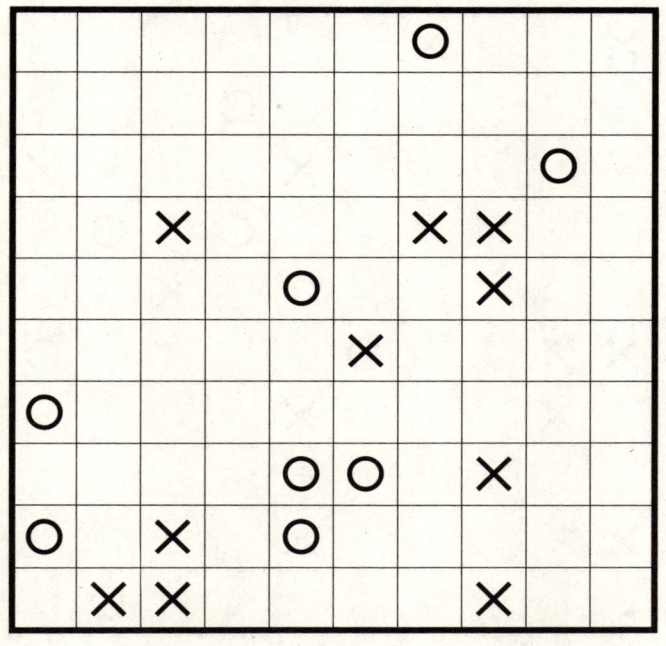

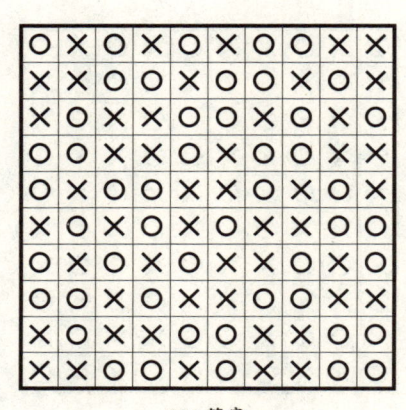

088

086 答案

089

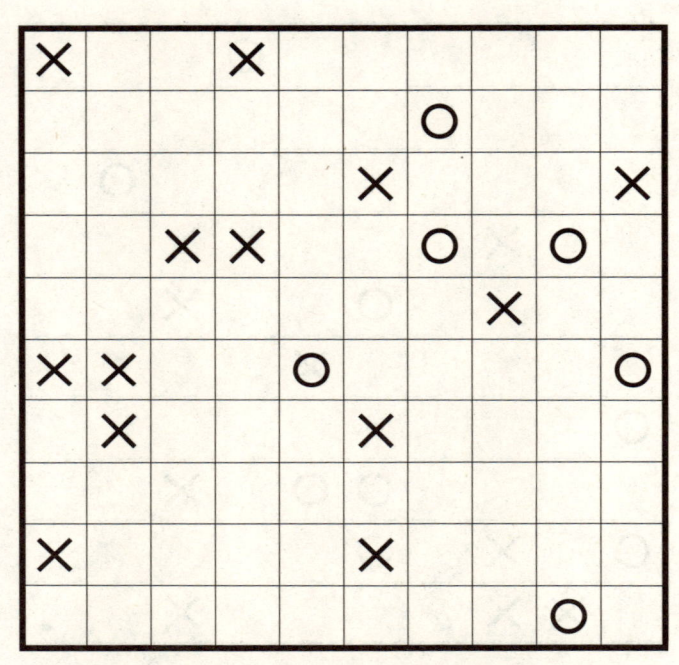

087 答案

090

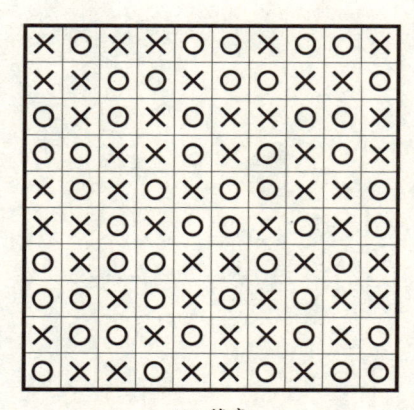

088 答案

第三章

岛练习题及答案

岛规则

　　岛是由一个矩形框及若干圆圈组成,每个圆圈代表一个独立的岛,圆圈内的数字表示有几道桥连接此岛。岛谜题的目的是按照圆圈内的提示数字将所有的岛水平或者垂直连接起来,且在任意方向上,有一道或者两道桥。桥不能跨接其他桥或者岛,游戏结束后,所有桥需相互连接,从一个岛可任意到达另一个岛屿。

001

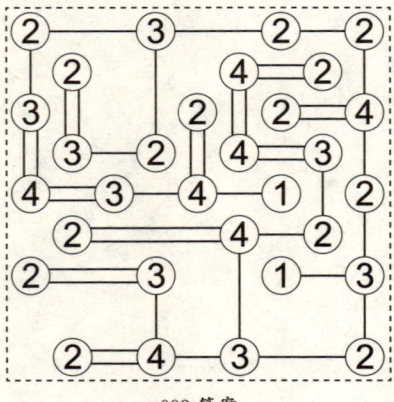

009 答案

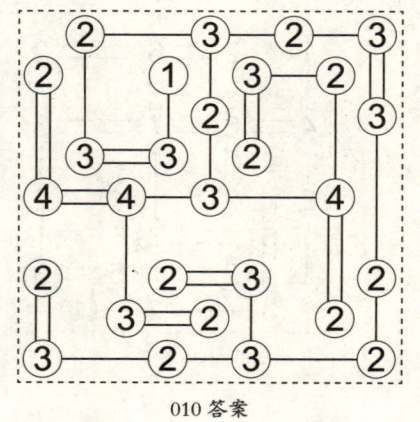

第三章 岛练习题及答案

002

010 答案

003

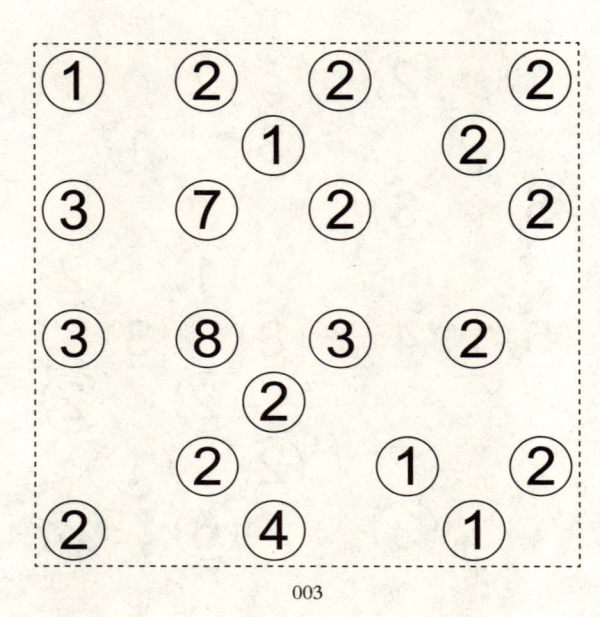

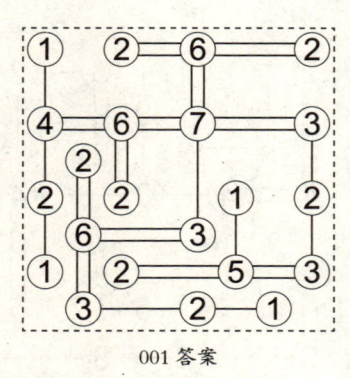

001 答案

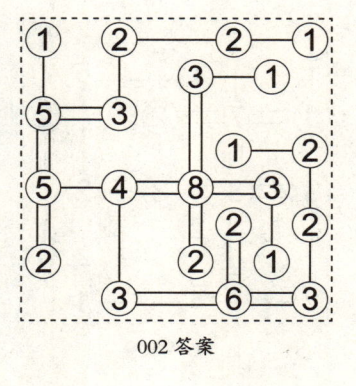

第三章 岛练习题及答案

004

002 答案

005

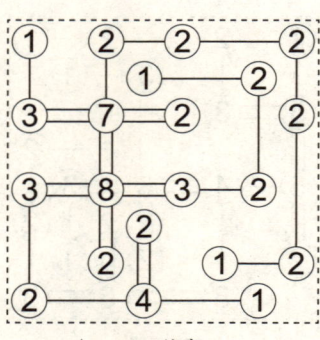

003 答案

玩出来的逻辑思维　井格谜题

104

006

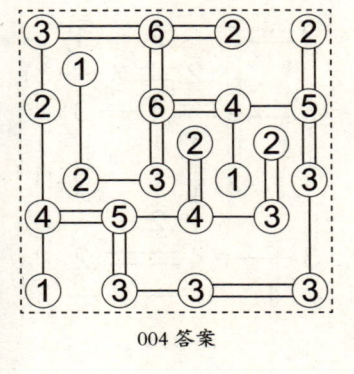

004 答案

007

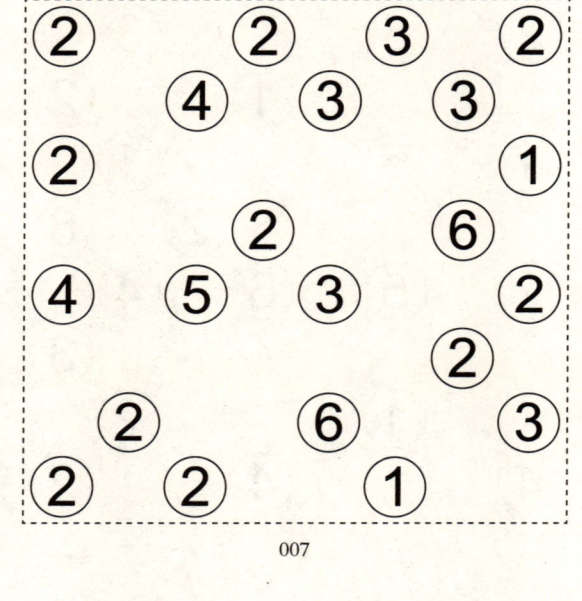

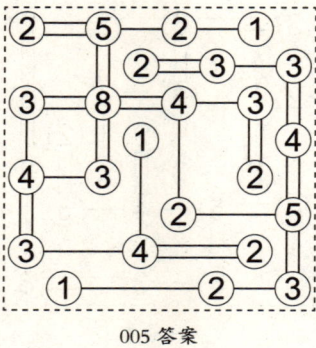

008

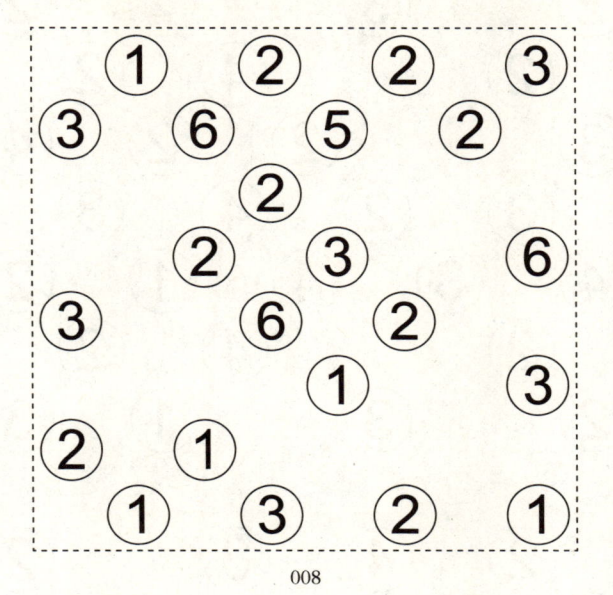

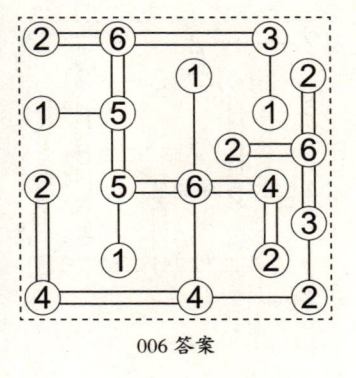

006 答案

009

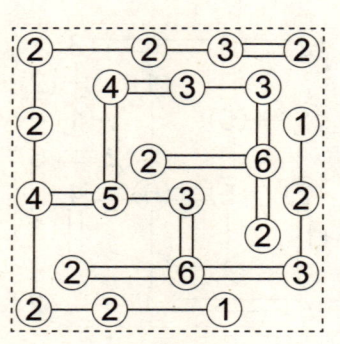

007 答案

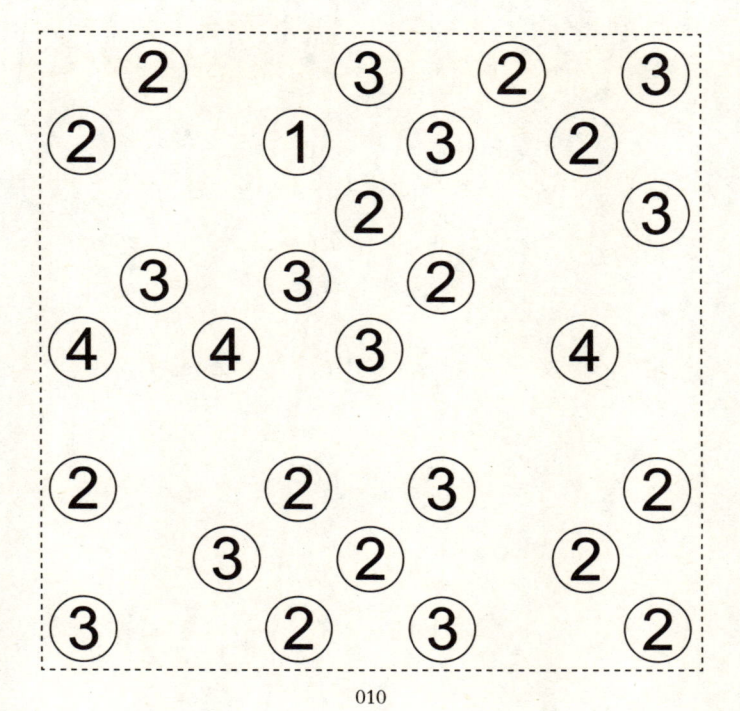

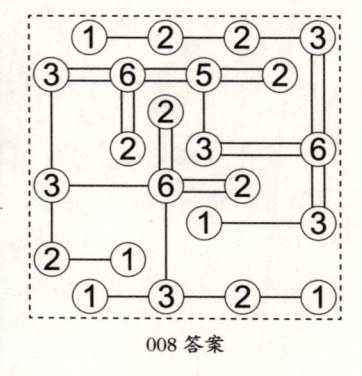

第三章 岛练习题及答案 109

010

008 答案